THINGS THAT ARE POSSIBLE BECAUSE IT'S KO'DA STYLE

こうださんとは

こうだかずひろさんって方がいるんです。
お会いしてみませんか？

最初にこの話をいただいた時、
トートバッグのことすら、すぐにイメージが浮かばなかった。
トートバッグってあの？
葉山でずっとトートバッグをつくっている。
じつはかなり近所に住んでいる。
ああ、あのＹ字路の近く？　なるほど、何度も通っていたな。

カタカタとキーワードだけが羅列されていく、
どこかおぼつかない感じのままにお会いして、距離を縮め、
すっかり打ち解けたというわけでもないあたりの"いい頃合い"で、
この本をつくりだすことになった。

こうださんは、バッグのなかにたくさんの世界を抱えていた。
それは思ったよりも硬質で、温かさよりも熱さや激しさのある、
会ってみませんかと声をかけてくれたのが、わかるような方だった。

こうださんがつくられる過程を知りたい。
バッグよりも、バッグが生まれる背景にある世界が知りたい。
そう思いつつ、50歳にいたるまでの一コマ一コマを切り取り、
Ko'da-styleの源流をたどる旅がはじまった。

何かを生み出したい、始めたいと思っている人、
生み出されたものの根底にある心地よさをつかみたい人、
そうしたすべての人に向けた、ちょっとぜいたくな message board です。

　　　　　　　　　　　　　ハンカチーフ・ブックス編集長　長沼敬憲

かばんをつくる

かばんをつくる工程というのは、そんなに大したことはないんです。
型紙から生地に写して、裁断して、縫って、ひっくり返して終わり。

つくる側としては、パーツ数が少なく、縫うところが少ないかばんが一番すぐれていますから、
それを意識してつくることはあります。
逆に、パーツを組み込んで、少しつくりこむこともあります。
いずれにせよ、僕の場合、
求められてくるのは「ひとりでやっている現実をどう活かすか」、ということ。

あくまでも、ひとりでできます、どこでもできますというのが、僕の前提。
まずそういう現実があるわけで、発想やアイデアはそのあと。

手伝ってくれる人がいてもいんですが、
教えられないところがあるのは、結局、ひとりでしかできないことをやっているから。
それは利点でもあるんですが、たくさんつくれないですし、矛盾です。

不思議ですよね。なぜこういう仕事をしているのか？

かばんをつくっていなかったら何をやっていたか？
最近よく考えるんですが、僕の場合、それがまったく思い浮かばない。

ミシンを動かすのは無性に楽しい。
ものをつくること、それ自体がとても楽しい。
子供の頃からそう感じてきた自分が、いまもいるのは確かです。

らしさ

葉山にやって来る前、
沖縄に移住しようと思った時期がありました。

その時思ったのは、
「自分で全部できるようになっていないと、
とても東京から離れられないな」ということ。
沖縄には、何にもないと思っていましたから。

そう思うようになって、
そこから、仕事のしかたが変わりました。
結局、沖縄には行かなかったですけど、
ひとりでできる、どこでもできる、
そういう仕事をしようという意識が強くなりました。

一人で放っておかれても、大丈夫と思われている。
この人は一人でも大丈夫だって、なぜでしょうね。
そこはべつに演じてないんですけど、そう思われています。

クラス替えしても、隣のクラスの子とまず仲良くなる。
葉山に越してきて13年、最初の頃、友人は逗子や鎌倉の人ばかりでした。

僕はメーカーに勤めたわけでもないし、人に教わったわけでもないから、
本当に正しいかどうかもわからないところでやってきて、
もしかしたら、本当の職人、プロから見たら「こんなんでものを売っているの？」ということをしているかもしれない。
まあ、それはそれでいいんですけれど。

あこがれる人がいるじゃないですか。
その人に対してどれだけレベルを合わせられるか？　自分のレベルを上げていくか？　つねに考えてきました。
追っかけて、追っかけて、追っかけて、ずっと追いかけつづけています。

アイデンティティ

こうださん、何屋なんですか？
「肩書きをつけろ」って言うじゃないですか。
デザイナー、職人、経営者？
どれもあてはまらない。だから、「かばん屋」。

江戸時代の職人が一番近い気がします。
当時は、いまでいうデザイナーと職人、イメージする人とつくる人がいっしょ。
最初から終わりまで、つくる人がすべてを考えていた。

いまの職人は、その意味では職工ですね。
ここはデザイナーにお願いします、パタンナーにお願いします。
そういう職工のことを職人と呼んでいる。
分業されているなかの一部だけを切り取って。

だから、僕はデザイナーが自分でものをつくりはじめたらすごく怖いなと思う。
本気でかばんをつくりはじめたら、敵わない気がする。

小さな会社でも、仕事を分けているじゃないですか。
あなたが縫えばいいじゃん。いやあ、難しくて。面倒臭いんで。
本当にモノをつくりたいのか、モノをつくっている人になりたいのか。
本当につくりたいんじゃなく、そういう雰囲気がする場所にいたいだけなんじゃないか。

そんなことを思いつつ、今日も自分のことをかばん屋と。

NOTE

STUDY

6年ほど前に、仕事場から10分ほどの森のなかに生活空間を移しました。
ずっと坂を登っていった、樹々に囲まれたなかにある平屋の一軒家。
STUDYって名前をつけて、レンタルスペースとしても解放していますが、ふだんはずっとひとり。

朝、コーヒー飲みながら、ここはいいなあって。
僕にとっては、自分自身を整える大切な時間であり、空間ですね。

いろいろモヤモヤして、世のなかのつまらないことに振りまわされて、でも、ここにいるといろいろな解決策が出てくる。
何と言うか、神様みたいな人たちがいて、フッと答えを出してくれるような不思議な感覚になることが多いというかね。

下(仕事場)で考えて、上(STUDY)で整う感じかな。
ひとりでもべつに怖くはないですよ。
どちらかというと、見守られているような感じ。

オフとオンの境界線というのかな、安心感があるんですよ。
ほら、空気が全然違うでしょ?
(窓の外を指しながら)あのへんから違ってくる。
お金に困っても、だから、ここは手放せないんです。

原点

やっぱり、L.L.Bean のトートバッグ。
大学時代、センスのいい男の子はみんな持っているわけです。
なにそれ、そんなごっついごわごわのかばん。
１万いくらもするの、こんなのが。
売ってないんだよ、たまにアメ横で入荷するみたいだよ、みたいな。

その後、東急ハンズに入って、売り場に配属された時、実際に目の前にあって。
当時はまだ並行輸入だったんですが、たまに入荷するとすぐになくなっちゃう。
自分でも愛用するようになりましたが、
通勤中のマウンテンバイクに乗る時、
ハンドルにかばんをかけていると不便なんです。
それで帆布のストラップを自分で作って体に斜めがけしてみたらいい感じで、
「ああ、ないものは自分で作ればいいんだな」と。
それが、バッグをつくるようになった直接のきっかけです。

実際、かばんに興味を持ちはじめて、
L.L.Bean のバッグをよくよく調べると非常に合理的につくっているのがわかる。
まっすぐ切って、ここを縫うだけなんだ。そういう驚き。
こんなシンプルにできていて、デザイン性もいい。
機能性もある。

すごいことを考えて、つくった人がいるんだなって思いますね。

目線を外す

ギターを習っていた時は、ギターがつくりたくなる。
バイクに乗っていた時は、メカニックに興味が出てくる。
知らないのが嫌なんでしょう。
とにかく、その世界を一度は拝見してみないと。
もしかしたら回り道かもしれませんが、そこが僕の大切な時間。

ただ、ギターもバイクも楽しかったけれども、
自分の中で限界点もありました。

絶対的な人が上にいる。僕はそれ以上いけない。

だから、ふっと目線を外してみる。違うところに導かれる。
そういうところがあったかもしれません。

熟成

いろいろなものを見て、触れて、感じて、
その情報をすべて頭に詰め込んで、
僕の体の中で選別され、混ざり合っていったものが、
あるタイミングでアウトプットされる。

それが僕にとっての熟成。形になるまでの、とても大事な時間。

熟成できる時間がないときは、展示会もつらい。
カッコ良くても、熟成されていないからどこか垢抜けない。
お客さんの反応もあまり良くはない。

半年後くらい経って、ハンドルの位置とかちょっと変えるんです。
すると急に整ってくる。カッコいいイメージはできているけれど、
まだまだ形になってはいなかったんでしょう。

ただ、何もしていなくても、半年後、1年後に変わることもある。
「もう定番から外しちゃおう」と思うと、急に欲しい人が現れることも結構あります。
お客さんのほうの熟成も、きっとあるんでしょうね。

一代限り

Ko'da-style は僕の代で終わり。
やっぱりそう思います。

伝統を否定するわけでないですけど、
「これって Ko'da-style だよね」というものは、つねに否定していきたい。
次に帆布のかばんをつくる人が僕のにおいを持っていてくれてもいいですが、
それはあくまで違う人のスタイルであったほうがカッコいいです。

教えてほしい場合は、全部教えますよ。
そこにこだわりはないので、聞いてきた若い人たちには全部教えます。
ただ、自分の中で消化するのは彼らの力です。

金具屋さんも、取引先も、バイヤーも、売り方も、縫い方も、僕は全部教えますけれど、
教わるって残酷なんです。
Ko'da-style をそのまま引き継いじゃうことになりますから、
そのままでは Ko'da-style を抜け出せない。
結局は、その人の力なんです。

Ko'da-style は、僕がすべてを探してきたことで成り立っていますから、
全部自分のオリジナル。
誰かから教わっていたら、もっと早くかたちになっていたかもしれませんが、
その人から抜け出すのがすごく大変、時間がかかりますよね。

僕の場合、枠のないところからスタートしたから、そこがめちゃくちゃ大きいんです。
ウチの強みなんです。

幼い頃、おぼれかけた記憶がいまも心のなかにある。
それは忘れられない記憶。

僕にとって、だから、海は恐怖の場所。
でも、遠ざけたいわけではなく、だからこそ、近くに行ってみたい。

僕が行きたいところは、水にまつわるところばかりです。
小学校の夏休みをいつも過ごした山口も海の近くだったし、
これまで住んできたところ、すべて近くに水辺がありました。

怖いけれども、すべてを受け入れてくれる。
生きることと死ぬこと、いのちの営みに目を向け、立ち止まって考える、
そんなきっかけをつくってくれた、不思議な力を感じずにいられません。

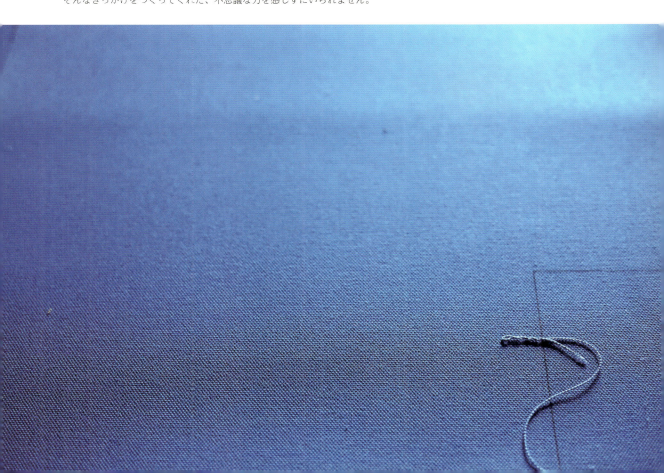

KO'DA STYLE のトートバッグ
THINGS THAT ARE POSSIBLE BECAUSE IT'S KO'DA STYLE

INDEX

ARCHIVES
P38 —— 手の復権
P43 —— デザイン
P45 —— 判断基準
P46 —— 対話
P50 —— 現場
P54 —— ISSEY MIYAKE
P55 —— 名刺
P57 —— ネーミング
P58 —— 創作をめぐって
P65 —— 夏休み
P67 —— 親父
P69 —— 道
P70 —— 走る
P75 —— ターニングポイント
P76 —— 読書
P77 —— 落語
P79 —— セレンディピティ
P80 —— 病気
P83 —— 死について
P84 —— 水の記憶
P89 —— 未来

P93 —— あとがき

L・W35 × H24 × D24.
2928

FE ORG

・身蓋
61
21
26
30

4ㄑ φ 4.5   4.5 φ 4ㄑ
4.5   4.5φ
R#09
1 12 1 37 1 12

・身付
61
10

ARCHIVES

手の復権

「手の復権」という言葉を最初に目にしたのは、大学生の時だったと思います。

東急ハンズの初代会長が考えたと言われていますが、拳をかたどったイラストのポスターに、手の復権というコピーが掲げられているのを見て、無条件に「おお、すごいな」と興奮したのを覚えています。

雑誌にも取り上げられていましたし、僕が求めている生き方の象徴のようなところがありました。そう、のちに東急ハンズに入ることになったのも、一つにはこの言葉へのあこがれがあったからです。

それは、「自分でつくれるものはつくろうよ」という、とてもシンプルなメッセージ。

でも、すごく力強いですよね。

ハンズ時代の同僚に会っても、必ず話題に出てきます。いまは知らない人も多いかもしれませんが、そのくらい胸がときめく言葉だったのです。

たとえば、かばんは買うものだと、ほとんどの人が思っているのかもしれません。

でも、それは誰かがつくっているから、この世界に存在しているわけです。車だって、家だって、あるいは原子力発電所だってそうです。そう考えると、人間の手ってすごいことがわかるでしょう？

問題は、そこに気づけるか気づけないか。実際につくらなくても、「誰かがつくっている」ということを感じるだけでも、ものづくりへのリスペクトは湧いてきます。発想だって、生き方だって違ってくるはずです。

それが手の復権ということだと思うのですが、実際は、頭で考えているだけで、手で考えることは少ないのが現実かもしれません。

つくれるんだからつくろうよ。なぜそれをやらないの？僕としては、かばんを通じて、ものをつくる楽しさを提案したいと思っているのです。

かつてカリスマ美容師がブームになることで、美容師になりたい人が日本中で増えたことがあったでしょう。朝のドラマに取り上げられた職業が注目を集め、その仕事につく人が増えたこともあったと思います。

単純な話、テレビである職業が取り上げられると、「こんな仕事があったんだ」と思いますよね。

なり手の数が少ない職業であっても、魅力がないわけではなく、あまり知られていなかったから面白さが伝わってこなかっただけかもしれません。

これは、仕事にかぎった話ではありません。たとえば、僕が子供の頃は自転車のパンク修理くらいなら、そのへんの大人がみんなやっていました。

大人が目の前でパンクの修理をやっているのを見て、子供たちは「わっ、こんなふうにやるのか」とワクワクして、自分も真似てみるわけです。だから、小学生でもパンク修理くらいはできていました。

いまの時代って、工事現場ひとつとっても、現場が塀のなかに隠れていて、どんなことをしているのか見えにくくなっているところがあります。

工事現場に子供がまぎれて、多少怪我をしたっていいんですよ。好奇心で覗きたいのですから、それを頭ごなしに叱っていたら現場はどんどん遠くなります。

子供がみんなサラリーマンになりたいと思ってしまうのは、それしか見ていないから。子供の感性が失われてしまったからではなく、単に見せていないから、イメージが湧かなくなっているのだと思います。

僕自身、親父が目の前でいろいろなものをつくっていたから、ものづくりに興味を持ちました。

いまの工房でかばんをつくって、それを売って……「後ろで作って前で売る」手打ちうどんの実演販売のようなことをしているのも、ささやかではありますが、子供たちが遊びに来て、「ミシンってこうやって動かすんだ」って興味を持ってほしいと思うから。

そういう体験をして、将来ものをつくる職業を選んでくれたら、それこそ「手の復権」です。

ものづくりをしている人たちって、どんな仕事であっても、自分の手でつくっている喜びがあるから、苦しくても続けていられるのです。

つくるということはすべての仕事の基本であり、誰もが体験していることであるはずなのに、なぜ忘れてしまっているのだろうと思います。

そう言えば、すこし余談になりますが、小学校の時の集団登校のリーダーが面白い人で、うちのグループは、彼の音頭で「お店ごっこ」をしながら学校に通っていました。

いろいろな店が入っている、いまでいうショッピングモールのような場所があって、「今日は、僕は花屋さんになる」とか「私は魚屋さんになる」とか、毎朝毎朝、子供なりにいろんな職業を考えて、どんなことをするかめいめいが発表していくわけです。

本当はこんなふうに何でも選んでいいはずなのに、何になっても自由なはずなのに、いつの間にかそれを忘れてしまい、いい会社に入るために就職活動をはじめる。おかしな話だなと思いませんか？

何かをやりたいのであれば、条件だとか、資格だとか考えずに、どんどん門を叩けばいいんです。

かく言う僕だって、ただかばんが好きなだけで、最初は何もできない素人だったのですから。

すべてを仕事につなげなくても、自分のバッグにスタンプを押してみるだけでもいいのです。

自由に判断していいし、好きなように実行して、そこに楽しみや喜びを見つけていく。何かに縛られていることに気づいたのなら、勇気を出してほどいてみる。

クリエイティブって決して大げさなものではなく、そんな繰り返しのなかで少しずつ形になり、自分の世界が生まれていくものなのだと思います。

ヒトという生き物はつくることで進化をし、つくったものに囲まれながら生きてきました。

つくることはヒトの営みそのものであり、同時にヒトにしかできないことであり……生きることの原点にも重なってくる行為であるはずです。

ちょっと大げさかもしれませんが、やっぱり手の復権、なのです。生きている限りずっと大事にしていきたい、そんな言葉だと感じています。

41

42

デザイン

僕にとってデザインとは、絵だけではありません。
裁断して縫って、形になることも含め、感覚的にはすべてがデザイン。

一人でやっていますから、時にはパッとイメージが湧いて、
絵を描いて、パターンを書いて、ミシンで縫って、半日でできることもあります。
いろいろな絵を描きながら、半年以上、1年以上、悩んで悩んで、
ようやくできあがることもあります。

お客さんには伝える必要のないことかもしれませんが、
つくり手にとって思い入れはさまざま。
自分にしかわからないプロセスがあるから、
お客さんの評価とは別に、愛着のあるかばんもあったりします。

出来上がったかばんには、型番ではなく名前をつけているので、
ネームタグを見ることで、その時の記憶がふっとよみがえったりします。

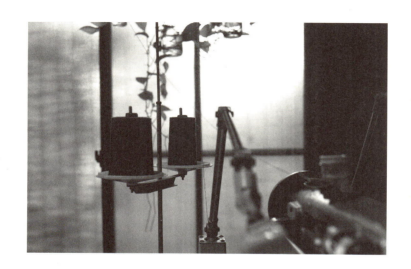

判断基準

判断基準がシンプルになっていきますよね。
これ、カッコいいかな?
いまはそれだけです。

だから、展示会のデザインを考えているとき、
最初にカッコいいものができてしまうと、戸惑います。
こんなに早く、こんなにすごいのができてしまって、どうしよう?
自分の判断が間違っているような気がしてきて。

つねに一人問答の世界です。
同時に、自画自賛の世界でもあるんですが。

世の中、すごい人がいっぱいいる。
だから、謙虚になって、勉強させてくださいって言うしかない。

すごい人って、つねに外に目が向かっている気がする。

そう言えば、親父には「小さな枠のなかにいるな」って言われていました。
たしかに、カッコ良くないですよね。
ここでかばんをつくっていて、でも、それだけでは井の中の蛙になるので、
外に出て人に会い、勉強をしに行く。

寂しがりだからってこともあるんですけど。

対話

かばんのデザインをする際、まずはいろいろなものをガーッと頭に入れていくんです。
たとえば、家具屋、インテリアショップなどをまわってデザインを見たり、カフェに何時間もいて歩く人を観察したり、美術館や展示会に足を運んで作品を鑑賞したり……。
そうやって体の中に入ってきたものを自然に熟成させて、整理、厳選されたものが、最終的にかばんという形にアウトプットされています。

6年前に葉山の森の中に生活空間を移してから、この熟成とアウトプットの作業がスムーズにできるようになった気がしています。
仕事場でもやもやしていても、だから、あまり気にしなくなりました。待っていればやがて答えがやってくると、どこかで信じているからです。

よくあるパターンとしては、明け方。4〜5時くらいにふっと目が覚めて、うつらうつらとしている時、「そうか、こうすればいいんだ、このアイデアいただき」と降りてくることがすごく多い。
一応はメモするわけですが、あとで見返してもほとんど何を書いているかわからない。でも、記憶に残らないものなんて、結局、つまらないものばかり。いいデザイン、いいアイデアは必ず覚えていますから。
こういう場所で、こういう時間が持てることは、とても贅沢なことかもしれません。

かばんをつくる際にもう一つ大事なのは、生地といかに対話するか、ということ。
僕のかばんは、厚い帆布と薄い帆布の2種類しか使っていませんが、種類や厚さよりも、生地と対話できるかどうかが、とても大事なポイントです。

物をつくっている人ならきっとわかると思いますが、「帆布が嫌がっている形」というものがあります。そのことをよく理解して、「帆布がその時になりたがっている形」をつくっていくのです。

縫製はもちろん、デザインの線もそう。
他のカバンを見ていると、「無理してつくっているなあ」というものがありますが……。
自分でつくらず、デザインだけする人は、「ここはこだわりなんだから」と無理強いをしてしまいます。
職人は、「そこは縫いにくい、無理がある」と内心思うわけですが、仕事だからやるしかありません。で、どうするかというと、結局、自分たちの縫いやすいようにすこし変えてしまうのです。気づかれないように。
全体として見たら、マイナスにしかならないですよね。

もちろん、これが絶対というわけでもなく、職人は職人で、新しいアイデアを取り入れる柔軟さが必要かもしれません、言われたことをこなすだけでなく。
デザイナーだって、職人の気持ちをもっとわかってあげたほうがいいかもしれません。
いくら優れたデザインであっても、素材が嫌がっていたらいいものは仕上がらないのだから。

その意味では、どちらも変わる必要があるはずですが、通常はおたがいの意識するところが違うから、どうしてもギクシャクしてしまう。
それって、お客さんも見抜きます。見てくれが良くても、気持ちよくつくられてはいないから、使い勝手にもどこか反映されてしまうかもしれません。
こうしたデザイナーと職人のギャップがクリアできたら、もっと気持ちよく仕事ができるはずだと思うのです。

たとえば、ミシンの針が折れてしまうのは、無理しているからだと思うんです。
　帆布ってとても厚くて固い素材ですが、僕の場合、針が折れてしまうことは滅多にありません。
　薄い生地と厚い生地で針の太さを変えていますが、生地との対話を意識し、ちゃんと縫えていれば、針が折れることはないと思うんですけどね。

　以前、『ディオールと私』という映画を見たのですが、これまで話してきたデザイナーと職人の間の機微が上手く描かれていて、面白かったです。
　ヨーロッパのオートクチュールの世界って、伝統の中でこういう問題をうまくクリアしてきたことで、デザイナーと現場の距離がかなり近い気がするのです。
　デザイナーがこういうふうにしたいと言って、職人がそれに反発して、喧嘩になることもあると思いますが、根底ではおたがいに意思の疎通があって、喜びがあるから、いいものが生み出せる。デザイナーと職人に上下がない。
　こういう関係を見せられると、ヨーロッパのものづくりはすごいなと思ってしまいます。

　もう一つ、対話ということで言えば、お客さんもかばんと対話してほしいと思っています。
　うちのかばんって、僕がつくった段階ではまだ80パーセントの完成度。お客さんが使っていくうちに、汚れやしわができたり、バッジをつけてカスタマイズしたり、そうやって時間を経るなかで、初めてその人のかばんが完成すると思っているからです。

　うちのかばんを使ってくれている方から、どこそこの街を歩いていたら、「それ、こうださんのかばんですよね」って、知らない人に声をかけられましたと話を聞くことが、じつは結構あります。
　僕が行ったことのない土地の名前が出てきたら、びっくりします。そういう時、「ああ、かばん屋をやっていてよかったな」と思います。

　トートバッグって基本的にシンプルな形をしていますが、うちのかばんはデザインに特徴があるので、印象に残りやすいのかもしれません。
　表側にロゴを入れているわけでもないのに、それでもわかってくれる人がいるのは嬉しいです。
　手に入れたかばんと対話しながら、楽しい気持ちになってもらえれば一番嬉しいですね。

現場

いまの時代の物の売り方って、それはどうかなと思えることが結構あります。
　たとえば、お客さんに尋ねられても、商品のカタログを持ってきて、書いてあることを教えるだけ。「自分で読めばわかるよ」と内心感じてしまったり。
　いろいろと忙しいなかで、そういう対応しかできないというのはわかるのですが、物を売る仕事って、本当はそういうものではないと思います。

　物を売るのが本当に好きだったら、休みの日でも現場に行って話を聞いたり、つくる工程を見学したり、そうしたことがしたくなると思うのです。自分ではつくれないけれど、ものづくりの奥まで入っていって、そこで感じたことをお客さんに伝えていく。
　カタログに載っているような知識もなくては困りますが、ただそれを覚えるだけではなく、大事なのは「現場を見ている」という深さでしょう。

　いまの時代、インターネットが普及してきたせいもあるのだと思いますが、そういう感覚が売り場からどんどんなくなってきているのを感じます。
　確かにたくさんのことは知っている。でも、どこか説明が薄い。だから、説得力がない。物を売る仕事というのは、本来、つくり手の代弁者であるべきですが、つくり手と売り場がちょっと乖離していますよね。

　どうやって調べたらいいか？　どうしたら現場が見られるか？　答えは簡単、電話をしたらいいんです。メールして尋ねてみればいいのです。
　もちろん、謙虚であることを忘れず。たぶん、大方のつくり手は喜んで迎え入れてくれるはずです。
　やったことがないから、自分の中でつい壁をつくってしま

う。でも、大事なのは「どれだけが興味があるか」です。
　つくることだって、売ることだって、バラバラなままよりも、つながっていたほうが楽しいし、やりがいも出てきます。興味があることに対してどう動けばいいのか、その方法がわかってくると、仕事のしかたも変わってきます。

　僕自身、東急ハンズにいた頃からものづくりの現場が好きで、話を聞きにいくのはもちろん、売り場でもいろいろなことを企画してきました。
　たとえば、吉田カバンを扱っていた時、どんなふうにできているかが気になって、メーカーの担当者に「パーツで全部ください」とお願いしたことがあります。
　一つ一つをパネルにして展示し、これだけのパーツでできているということをお客さんに見てもらったのですが、反響もあって面白かったです。

　吉田カバンって丈夫なことでも有名ですから、最初は燃やしてみたり、裂いてみたりして展示したかったのですが、メーカーの担当者に「燃やしたら燃えてしまいますよ」って言われて。じゃあ、パーツでくださいと。
　こういう種明かしみたいなことはあまりしてはいけないことなのかもしれませんが、僕としては、自分が大好きなもの、本当に良いと思っているものを、誰でもわかるように伝えたかっただけなのです。

　その後、つくり手の気持ちを知りたいと思って会社を辞め、もの作りの世界に入りましたが、最初の頃は、かばんをつくることよりも、取り引き先を増やし、数を得ることを優先していていた気がします。
　きっと、量販店の意識が抜けていなかったのでしょう。そのあたりの意識が変わっていったのは、何人かのバイヤーとご縁をいただいたのが大きかったと思います。

当時、あるセレクトショップのバイヤーに、とてもお世話になった方がいました。とても面白い方で、「あまり売れないだろうけど、こんなのつくってみない？」といった感じに、自由に仕事をさせていただきました。また、値段のつけ方や、展示会のしかた、アパレルの中での商売の基礎をたくさん教わりました。

ただ、担当がべつの人に代わり、ショップ自体もどんどんと大きくなっていくなかで、取り引きすることの怖さも感じるようになりました。

たくさんの店舗で商品を扱ってくれるのはありがたいことですが、そこに慣れてしまうと、だんだんとバイヤーに気に入られることを意識するようになります。

かばんのデザインもショップのカラーに無意識に合わせるようになり、その先にいるお客さんのことが見えなくなってくるのです。

そもそも、そうやって頑張ったところで、取り引きがずっと続く保証もありません。

ああ、これってまずいな。このままいったら、誰のためにつくっているのかわからなくなる——そんな危機感を抱くようになりました。

うまくまわれば、経済的には安定できるかもしれません。

でも、いったい何のために独立したのか？ 自問する中で、展示会でお客さんと直接ふれあうことの楽しさを感じるようになりました。

もともと接客は好きでしたから、こうしたつながりのほうが、僕にとっては自然だったのかもしれません。

企業として考えた場合、取り引きを増やし、大量販売にシフトしていくことが大切なのかもしれませんが、僕の場合、むしろ個人との取り引きが増えていき、いまではお客様のほとんどは個人ベースです。

もっとお客様とふれあいたい、話が聞きたい……そうした気持ちが高じて、葉山に拠点を移してからは、工房でかばんをつくるのと同時に、週に3回、「3 days shop」と称して販売も行うようになりました。

ものをつくるだけではなく、ものを売る場所を作りたい、というのが僕のかねてからの思い。

そこではつくる人、売る人、買う人がひとつになることができます。とても小さな空間ですが、自分の望んできたことが少しずつ形になってきました。

僕が理想としているのは、一つのスペースのなかに工房があって、ショールームがあって、その工房の中ではミシンが動いていて、ショールームではかばんが並べられている。だから、ここを訪れた人は、好きなかばんを選べるだけでなく、つくっている工程も見学することができる。そう、手打ちうどん屋さんのように。

大人も、子供も目を輝かせて、ものをつくることの楽しさを感じてほしい。かつての僕がそうだったように、工房にある工業用のミシンや、たくさんの型紙を見て、わけもなくワクワクしてほしい。

僕にとっては、「後ろでつくって、前で売る」、これがものづくりの理想なのです。

それぞれのパートを分けたほうが効率もいいし、それも一つのやり方なのだと思いますが、僕はすべてが完結しているこの形にこだわりたい。

野菜などもそうですが、最近では、誰がつくったかわからないものより、つくった人の顔が見えるものを買いたい人が増えてきているでしょう。

うちではセミオーダーという形でかばんを販売していますが（＊）、僕の場合、自分でつくるだけでなく、自分で売りたいという思いも強いので、正直、売ることも人には任せた

くない。だから、地方の展示会にもなるべく自分が出向くようにしています。

　僕がKo'da-styleのファンだったら、やっぱりこうだかずひろ本人から買いたいと思いますから。
　そう考えると、自分はとても難しいことを目指しているんだなと思いますが、同時にとても贅沢なことでもあり、感謝の気持ちが湧いてきます。
　まだまだ道半ばというところで、果たしてこの形が正解なのか、確信があるわけではありません。でも、一歩一歩自分の気持ちを信じて進んでいけたら……。

＊Ko'da-styleでは、14色の6号帆布、7色の11号帆布の中から好きな色を選び、好きなパーツが組み合わせられるほか、ステッチ色、持ち手の長さもオーダーできます。

ISSEY MIYAKE

いまも知らないことをずっと探している。
50歳になろうが、いや、たぶんこの先もそこは変わらないでしょう。

逆に、わからないことが出てくると嬉しいですよ。
この間も ISSEY MIYAKE 展を見に行ったんですが、わからないことだらけで、
ずっとワクワクしていました。

とてもたくさんの問題を投げかけてくる。
いやあ、こんなにすごいことをされているんだと改めて思ったし、
こういう発見をさせてもらえることが本当に楽しい。

逆に、勉強していかないとわからない世界ですよね。
洋服を「着るアート」としてとらえている。
布というひとつの素材を使って、こんなにつくれるんだ。すごいなって。

着目があまりに違いすぎてしまって、それ以上、言葉もないのですが。

名刺

Ko'da-style を始めて、もう 18 年。
もともとサラリーマンは 10 年でやめようと思っていたので、
有言実行のところもありますが、きっかけは、何となくです。

不安はめちゃくちゃありましたよ。
でも、面白いことをやっていれば何とかなるだろうと。

サラリーマンって、あくまで会社の人じゃないですか。
会社員時代、フリーランスの人と知り合いになって、名刺交換すると、
彼らはもちろん個人の名刺です。
でも、僕の名刺は、会社員のこうだ。それがいやだなって。

独立する際のモチベーションっていろいろあると思いますが、
こういう些細に思えるところが、意外に大きかった気がします。
まずここを打破していこうと。個人の「こうだかずひろ」になろうと。

サラリーマンがダメなわけではないですが、個人の名前で胸を張って生きることが、
僕にとって大事なことだったのです。

56

ネーミング

Ko'da-style とネーミングした理由。
正直、言葉の響きがカッコよかっただけ。
style という言葉が好きで、最初はそれだけにしようと思ったくらいですが、
自分の名前をつけてしまったのは、良かったのか悪かったのか。

個人の名前が入っていることに、じつは少し後悔しています。
だから、名前を変えようと思ったことが何度もありました。
でも、そのたびに周囲からは大反対されて、だからいまでも Ko'da-style。

Ko'da-style でいいじゃないですか。
人はそう言いますが、名前が入るのはやっぱりおこがましい。

親父が尊敬していた本田宗一郎さんのエピソードも、
どこかでダブっているかもしれません。
本田さんも、社名をホンダにしたことを後悔されていましたから。
まあ、こんな偉人の名前を出すのも本当におこがましいですけれど。

最初は「こうだかずひろ」を出したかったのに、
いまは逆に消してしまいたい。
そんな思いもどこかに忍ばせつつ、でも、やっぱり Ko'da-style。

創作をめぐって

——人生の中で大事なことを選択する時、意識してきたことはありますか？

K　つねに勘が働いていた気がします。このやり方をこのまま続けていたらダメだとか、一種の危険予知ですね。意識してきたというより、いま振り返ってみて感じることですが。

——勘ってうまく働く人と働かない人がいると思うんですが、こうださんは働くほうですか？

K　そうかもしれません。ただ、最近は何かを選択しなければならない時でも待つようにしています。選択しないようにしていると、必然的にやってくるものがあるので、それをちゃんと捕まえておけばいいという気持ちです。

——いろいろな経験を積む中でそういう感覚がつかめてきた感じなのでしょうか？

K　どうですかね？　待っていると言っても、まったく何もしないわけではなく、僕の場合、とりあえずバタバタはするんです。じっと我慢の人もいますけれど、僕には無理ですね。とりあえずバタバタしてみると、なんとなく方向が見えてくる、形が見えてくるという感じです。不安だからじっとしていられないところも、どこかであると思いますけれど。

——不安を感じた時の対処法は？

K　とりあえず、ミシンを踏んでいれば気持ちが落ち着くんです。上（STUDY）にいる時は、そこにいるだけで気持ちが落ち着いていくところがあるのですが、下（工房）ではミシンですね。不安を感じることがあっても、とりあえずミシンを踏めていれば何とかなります。いろいろと不満を言いたくなることもあるんですが、とりあえずミシンを踏めていればいいか、みたいな感じですね。

——ミシンを踏むのが、こうださんの原点なんですね。

K　新しいデザインを考えている時って、何も出てこなくて苦しくてしょうがないこともあるんです。そんな時はもうやめよう、Ko'da-style ももう終わりだなんて、物騒なことを考えることもありますが、ミシンを踏んでいる時は、それがまったくありません。嫌なことも消えてしまい、楽しくてしょうがないんです。

——素敵ですね。いいアイデアがでる時と、ミシンを踏んでいる時と、それぞれ違った感覚なのかもしれないですね。

K　デザインして、素晴らしいものができた時というのは、一気にハイテンションになる感じです。それはもう、何にも代えがたい喜びです。それに対して、ミシンを踏んでいる時は、気持ちがフラットで、つねに安定している感じかな。精神安定剤じゃないですが、こちらも僕には必要ですね。

——それは、ほかのことにも共通しますか？

K　僕のように個人でやっている人には共通しているでしょうね。どこにも属さずにやっている以上、自分なりにコントロールしていかなくてはいけないところかもしれません。

——かばんをつくるうえで感じていることはありますか？

K　かばんをつくるのに、もう20年近くミシンを踏んでいるじゃないですか。そうしたなかで、今日は本当にきれいに縫えた、こんなにすごいかばんできたっていう日があるんで

す。できあがったものは同じなのですが、僕には違って見える時があって、ちょっと不思議な気がします。

——同じことをしていても、日々変化しているんですね。

K　逆に、あまりよくないと感じる時もあるんですが、ミシン目を見てもずれているわけではない。見た目はまったく同じなのですが、自分の感覚の中ではまた別の評価があるんです。ミシンという機械を通してつくる場合もそうなのだから、焼き物とか実際に手でつくっている人たちは、もっと極端だと思います。だから、気に入らない作品を割っちゃうんじゃないですか。

——そうですね。出来不出来は、本人にしかわからないところもあるのかもしれませんね。

K　ミシンも毎日踏んでいないと下手になるんです。スポーツでもそうかもしれませんが、毎日やるというのがすごく大切で、何か用事があって一日、二日空くと、感覚が戻るまで時間がかかるし、腕が落ちてしまっているのもわかる。あくまで感覚ですけれど。

——展示会などでミシンを踏めない時は、早く帰って踏みたいと思うものなんですか？

K　思いますね。たとえば、正月には田舎に帰りますから一週間くらい休みになる。そうすると、休み明けが大変ですよ。誰にもわからないですけどね。

——野球のバッティングを毎日続けるみたいな感じですか？

K　どうなんだろう？　僕の場合、いろいろなものをつくっているわけではないですが、何年もやっていると、自分の中の出来・不出来はだんだんわかるようになってきます。やっていること自体はあまり変わらないのに、いまだに上手くなっているなあって感じることもありますから、本当に面白い世界ですよ。

——ものづくりに完璧ということはない？

K　ないんじゃないかな。よくわからないですけどね。ただ、毎回毎回、展示会を迎えるたびに、これ以上素晴らしいものはできないって思うんです。でも、次の展示会が始まると、あれを超えようというところから始まる。デザインする時も、その完璧を何とか乗りこえていこうとするんです。それをずっと繰り返しています。

61

夏休み

小学校に通っていた6年間、夏休みになると新幹線に乗って、
母親の田舎のある山口に一人で向かい、ずっと瀬戸内の海辺で過ごしていました。

いまの周南市のあたり、エリアとしては工業地帯なのですが、
海の向こうにぽこぽこと島影があって、僕にとってまさに原風景のような場所。
そこは会社の独身寮になっていて、
おじいちゃんとおばあちゃんは寮の人たちの面倒を見ないとならないから、
僕のことはほとんど構ってはくれません。

独身寮なので、まわりは若いお兄さんばかり。
休みの日に遊びに連れていってもらったことはありましたが、
同学年の友達は誰ひとりいない。
だから、夏休みの間じゅう、ほとんどの時間をひとりで遊んでいました。
それも、6年間ずっとです。
一人で過ごすのが平気になった、もしかしたら一番の原因かも。

こうした日々も、Ko'da-style のひとつの原点。
特にさみしかったわけではなく、楽しいこともたくさんありましたから、
自分にとってはどこか豊かな記憶であったりします。

66

親父

親父はわりと厳しい人で、長男なのだから一人でやれと、
小さい頃から口癖のように言っていました。
手先が器用で、絵がうまくて、図工の宿題なんかはすべてダメ出ししてくる人でした。

当然、家の修繕はすべて自分でしてしまうわけです。
僕も物心ついた頃から手伝わされてきましたが、
小学生の僕に電動工具も手放しに使わせてくれるのです。

ただ、僕は一人でいることが多かったわりに、わりとしゃべる人だったので、
ものづくりの世界に進むとは思われていなかったようです。
大学を出て家具屋に入った時も、転職して東急ハンズに入った時も、
親父は「なるほどな」と思ったといいます。

あとで聞いた話ですが、この先こいつが独立して何かをやるとしても、
おそらく商売的なことだろうとイメージしていたようです。
それが、なぜかかばん屋を始めてしまい……。

親父は意外に感じたみたいですが、
一人で過ごしても平気なこと、そして、ものをつくること、
もとをたどればすべて親父の影響でしょう。

ちょっと複雑な思いもあるのですが、
だんだん年をとるほどに、その影響が強く感じられるようになってきました。

68

道

新しいものを、自分はいつまで作りつづけられるのだろう。
年をとって、ベテランと呼ばれるようになって、
でも、現役でつくっている人はいくらでもいますよね。日本にも。

僕がおつきあいをさせていただいている、古い友人のデザイナー。
相変わらず、70歳すぎてカッコいいことをやっている、すごいなあって思います。

もっとも、お会いしても、ただただ愚痴の言い合いです。
どうする、いつやめる？　もう食っていけねえよ、とか。

確かに、年をとれば視力は落ちるし、手も動かしにくくなっていくでしょう。
僕の場合、脳の病気もやっているから、右手の痺れはずっとあります。

でも、人生の先輩と話していると、フッと希望が湧いてきます。
このままやっていければ、自分もそんな場所にたどりつけるのかなと。

正直、これがだめになったらこれがやりたいというものがない。
だから、逃げ道がないのです。
だから、Ko'da-style は Ko'da-style のまま。

歩んできた道がずっと続いているといいんですけれど、どうでしょう？
そればっかりはわかりません。

走る

葉山に引っ越してきた当時、まだ友達はいないし、休みの日にやることもない。

当時はいまの工房の二階で生活をしていたので、一日中仕事をしていると、階段を上下するだけで終わってしまう日もしょっちゅう。これは、ちょっとまずいな……。

そんなタイミングで、毎年ホノルルマラソンに参加しているというお客さんと出会って、いいなあって触発されて、よし、僕も40歳までにフルマラソンに挑戦しよう……それが走りはじめたきっかけでした。

走りはじめて最初に気がついたのは、自分の仕事とまったく関係のないところで、友達ができてくるということ。

ただ一緒に走りたいというだけで、知らない人とつながっていくのがうれしくて、それでずっと走りつづけてきたところもあります。

いまもランニングさえしていれば、人とつながっていけるという確信がありますから。

ランニングで地域のコミュニティができているような、かばんをつくっている僕を支えてくれている、とても大事なつながりです。

もちろん、走ることから得ているものもすごく大きい。

毎朝、葉山の海岸を一時間くらい走っているのですが、その間にいろいろなものがそぎ落とされ、自分が解放されていくのがわかります。

内側にこもって考えていたのが、外側に向かって考えられるようになり、いろいろなアイデアが浮かび、気持ちが楽観的になり。毎朝、毎朝、新しい自分に再生されていくような心地よさを感じています。

最近では、レースに出るよりも、旅ランが楽しいですね。
出張で知らない土地に訪れても、ランニングしていると大丈夫。地元の人も不思議と受け入れてくれ、景色の中にラクに溶け込めます。

そう言えば、仕事でお世話になった生地屋さん、70歳をゆうに過ぎているのにとても元気で、なんといまでも現役のトライアスリート。その方が、僕が独立したばかりの頃にこうおっしゃっていました。

「こうだくん、仕事以外に夢中になるものをつくっておいたほうがいいよ。困ったときに助けてくれるのは、そこでできた仲間だから」

さすがにトライアスロンまではやれていませんが、本当にそうだなと実感。人生も折り返し地点にさしかかり、体力も落ちていくのかもしれませんが、これからもゆっくりと、自分のペースで走っていきます。

ターニングポイント

2016年2月に50歳になりました。
いまは人生の折り返し点というか、次のターニングポイント。
実際にこの年齢になると、50という数字はやっぱり大きいですね。

例えて言うなら、スイッチが右から左へパタンと切り替わった感じです。
このパタンという感覚、40代とはまったく違っていて、嫌な感じはしないのですが、
これからのことを深く考えるようになりました。

まわりの人たちは「50代は楽しいですよ」って言っていますが、どうなんでしょう?
体力的にはガクンと落ちる。それは走っているとよくわかります。
でも、いろいろと希望もあります。
よく思うのは、もう一度どうやったら夢が持てるのか?
独立した時、Ko'da-styleを成功させるんだという強いパッションがありましたが、
いまはそこまで強い思いがあるわけではありません。

いまのこのスタイル、ひとりでやれていること。
なんとなくそれに満足してしまっているのかな。
でも、満足したら終わってしまう、そういう焦りがどこかにあります。
新しいパッションはどうやって生まれるのだろう?

ものをつくるのはたしかに楽しい。
パタンと折り返しても、そこは変わりはないけれども、
40代で大きな病気をして、生きること、死ぬことに向き合えるようになって、
作品にもそれが少しずつ反映されてきて。

折り返し点から先は、死に向かっていく時間。
でも、それは決して暗いものではなく、もしかしたら違った希望の世界かもしれません。

若い人たちの青い情熱には敵わないのかもしれないけれど、
その希望を見つけながら、僕なりのstyleをつくっていくのだと思います。

読書

好きな作家は、北方謙三。
それから池波正太郎。
そして、池澤夏樹。

池澤さんはともかく、ハードボイルド系。
男っぽいのが好きですね。
いったん好きになると、その人ばかり読み続けます。

世間が知っているこうだかずひろは、
もしかしたら、もっと違った作家を読んでいるのかもしれない。

こうだかずひろは一つのキャラクターなのに、
こういうところがすこし誤解されている。
だから、時々裏切りたくなってきます。

嫌いになられても困るけれど。

落語

落語のいいところは、貧乏人も、お金持ちも同じようにけなすところ。
で、最後にみんな持ち上げる。
それをハッキリ言葉にはせず、情景だけで浮かび上がらせる。
まさに、そこが粋じゃないですか。

15年くらい前、まだ新宿に工房があった頃、
初めて落語を聞いて一目惚れして、そこからハマって末廣亭に入り浸りました。

落語って、聞いている側は頭の中で想像しているだけ。
それぞれが違う場面を想像している。でも、同じところで笑う。
だから、見る側にとっての芸。
自分の中の3Dを駆使した、まさに想像の芸。

たとえば、歌舞伎にしても、映画や芝居にしても、見ている場面は同じ。
感性は刺激されるけれども、想像するところは少ないでしょう？

大工の熊さんはどういう顔をしているのか？　両国橋ってどんな橋なのか？
勝手に頭の中で想像する楽しさ、心地よさ。
自分自身の力も試されるし、逆に力をつけていけば豊かさも広がる。

馬鹿馬鹿しい話もいっぱいありますが、
登場する人たちの粋さ加減がとにかくいいと、しみじみ感じます。

粋っていう言葉は大切ですよ。
やせがまんしても、やっぱり大事にしないとならないものがある。
つらいことがあっても最後は笑って、オチをつけるんです。

78

セレンディピティ

人は何でも思いが叶う魔法の杖を持っていて、知らないうちに使っている。
ある人がそんなことを言っていました。

うまくいっていないと感じている人は、魔法の杖を持っているのに、
持っていることを忘れてしまっているだけかもしれない。

それはいい話だな、と思いました。

これから商売を始めたいんですけど、独立したいんですけど……
そう言いながら何もやらない人は、できない理由をいっぱい重ねている気がします。

たとえば、いまでは有名になったあるベーカリーの友人がいます。

最初は、住まいのアパートでパンを焼いて、
月に何回か、とあるギャラリーのキッチンで販売をしていました。
自転車の後ろに飯台を乗せてあちこちをまわって、
知り合いのオフィスや路上でも売っていました。

いまの自分にできることって、いろいろあるのだと思います。
できないのならできる方法を考えて、新しい方法を見つければいい。

幸運としか思えない、不思議な偶然が重なることを、
セレンディピティと呼ぶのだそうです。

理詰めでやっていても限界はありますが、
頑張っていくと、偶然が生じて、セレンディピティは起こるのかもしれません。

病気

いまから6年前、僕は脳出血で倒れました。
生死について考えることの多かった40代の、そのきっかけ
になった出来事。

じつは倒れる1週間くらい前、
ネットでたまたま脳出血のことを調べていました。
なぜそんなことをしていたのか、いまだにわかりません。

まず、右手側のキーボードがうまく打てなくなり、
またMac壊れたの？　最初は思いました。

しかたないから、ちょっと書く仕事をしようか。
すると、全部つづり文字になってしまうんです。
もしかして麻痺？　そのあたりで病気に気づきました。

病状が進んでいくにつれ、まるで酔っ払ったように体が右側
によろけはじめ、
ああ、ネットの内容とまったく同じだと。
なんとか119番に電話して、事情を話した時、

「何を言っているかわからない状態ですので、
そのまま電話を切って、入院の準備をしてお待ちください。
ご住所は逆探知でわかっていますから」

うわあ、俺しゃべれていないんだ。
それもネットに書かれていたことと同じ。
実際、救急車で運ばれて、入院することになりましたが、
結果として、対応が早かったので軽度で済みました。

不思議ですよね。何か見えない力で生かされたような……。

いまも右半分の麻痺が残っていますが、

その後、ゆっくりと気力、体力が回復していくことで、
いまではミシンも問題なく動かせます。

去年、横浜マラソンに参加することで、ランも復活。
このまま寝たら次の日は目覚められないかもしれない。
倒れてからずっと寝るのが怖かったのですが、いまではそれ
も乗り越えました。

ミシンが動かせるようになったのは、退院して3ヶ月後。
精神的にはつらかったですが、手だけは動かし続けました。
そうやってかばんが一個つくれた時、
またこの仕事ができるかもしれないって、感動しました。

我がことながら、生きているって本当に不思議です。

死について

病気をした後だったかもしれません。
同年代の女性と話をしていたのですが、
彼女は消えてなくなりたい、消えてなくなりたいと言います。

なんでそんなことを言うの？　驚いて尋ねると、
だって、みっともなくなってまで生きていたくないもの、
そんな言葉を平然と返してきました。

みっともないって、それはそれでカッコいいことじゃないの。
でも、どうせ結婚もできないし、ずっとひとりだし。
この先もたいして楽しいことがないのなら、消えてなくなったっていい。

いま振り返ってみて、思うんです。
そうだよねって、言ってあげてもよかったのかなって。

自分自身もそうなりたいと思っているわけではないですよ。
肯定しているわけでもないです。
ただ、いろいろと経験することで、
あの時の彼女の気持ちの裏側にあった葛藤を、
理解できるようになった気がします。

意識が少し広がってきている？
なにか、そういうところがあるのかもしれません。

水の記憶

2～3歳頃のことだったと思います。隣町から引っ越してきたばかりだったこともあり、当時から僕は一人で遊ぶことが多かったみたいです。
　家の裏に用水路があって、その日も近くで遊んでいたのですが、ちょうど雨が降った後で水かさが大人の背丈くらいに増していたようです。
　棒でちゃぱちゃぱと水面をさわっていたのですが、もうちょっとさわりたい、もうちょっとさわりたいと、左手で足もとの草をつかんで棒を伸ばしていった瞬間、草がちぎれ、そのまま用水路に落ちてしまいました。

　といっても、僕の記憶の中に残っているのは、草がちぎれた瞬間のブチっという感触と、目の前に水が迫ってくるシーンだけ。
　対岸に工場があって、たまたま3時の休憩だったこともあり、工場の人たちにすぐに助けてもらったようですが、そのあたりは何も覚えてはいません。
　聞いた話では、過去に何人もの子どもが亡くなっている用水路だったそうです。
　でも、なぜか僕は助かった。死が目前に迫った強烈な記憶だけを心に焼きつけて……。

　それから数年経った、6歳くらいの時のこと。
　夏のある日、近所のお兄さん、お袋の3人で市民プールに遊びに行きました。
　大きなプールの一角に、ただブイで区切っているだけの幼児用のプールがあって、僕はそこでお兄さんとしばらく遊んでいたようです。
　ただ、彼のあとを追いかけて、大人用のプールのほうへ進んでいった時、段差でいきなり足がつかなくなり、そのまま浮き輪からスポッと落ちて、水底へ……。
　浮き輪に僕がいないことを知ったお兄さんが、すぐに救出してくれたため何とか蘇生。この時も、運よく死なないで済みました。

　いま覚えているのは、沈んだ時に見たであろう、水の上のほうに浮き輪がある光景だけ。
　ただ、用水路に落ちた時の記憶と相まって、僕の脳裏に水に対する恐怖心が強烈に刻み込まれました。

　おそらく、これがトラウマということなのでしょう。
　海が間近にあるところに工房を構えているにもかかわらず、いまだに水が怖いという感覚が抜けきらず、海に入ることはできても、足がつかない場所に行くとものすごい恐怖感をおぼえます。

　こうしたトラウマを克服しなければという思いが強くなったのは、この5～6年のことだと思います。
　6年前に脳出血で倒れ、幸運にも軽い麻痺が残る程度で済みましたが、体力が回復しつつあった翌年、東日本大震災が起こりました。
　いろいろとつらい体験をした人も多かったと思いますが、僕自身、満足に体が動かせない状況で連日ニュースに接するのは本当にまいりました。
　その後も、4年前に親父が亡くなるなど自分の日常につねに死があるような状況が続き、生きることについて、死ぬことについて……自分の意思とは裏腹に、深く向き合わざるを得なくなっていきました。

　どんより沈んでいた僕の心に光が差し込んできたのは、この数年のことだったと思います。
　彫刻家の内藤礼さんの作品を、瀬戸内の豊島にあるミュージアム（豊島美術館）で目にした時、それまでハッキリと意識してこなかった水が、生と死のテーマと重なり合い心に

迫ってきたのです。

　内藤さんが、つねに生と死をテーマにしていることは知っていましたが、水をモチーフにした「母型」という作品に接することで、僕の中で何かが弾けました。

　自分自身の水の記憶と、そして生と死が明確につながったのはこの時だったと思います。

　2015年の秋、東京で展示会を開催するにあたって、そのテーマを「水の記憶」としたのは、僕自身のこうした歩みがあったからです。

　記憶のなかにある水への恐怖、いや、その根源にある死への恐怖が、完全に解消されたわけではありません。でも、自分なりの視点でかばんのデザインに反映させることで、ただ怖いだけのものではなくなりました。

　大丈夫、死と向き合ってもいいんだよ。そんな心の中に芽生えた安心感が、僕の心を少しずつ解放させていってくれているのを感じます。

　「水の記憶」は、今年（2016年）も引き続き秋の展示会のテーマになりますが、今回は伝統的な金継ぎの技術をかばんに取り入れたいと思っています。

　金継ぎは、陶磁器の破損した部分を漆で接着し、金などの粉で装飾する技法ですが、かばんに施すのはあくまでもデザインとして。これで水面のきらめきが表現できたら面白いと思っています。

87

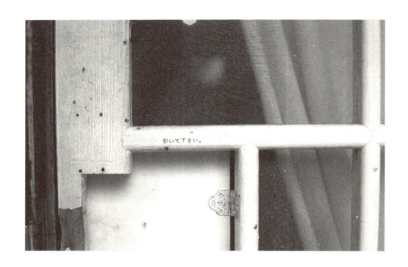

未来

ずっとここに住むつもりですか？

たまに聞かれることがありますが、
もしかしたら、またどこかに引っ越すかもしれません。

いま、あこがれているのは山の生活。
湖のほとりなのか、川辺なのか、もっと水があふれているところに。

いまは海辺にいますけれど、
じつはもっと真水のほうが好きなのです。

理由はよくわかりません。
ただ、なんとなく清らかな感じがして。

90

92

こんにちは。お元気ですか？
Ko'da-style のこうだかずひろです。

このたびはふとした出会いから、こんな素敵な本を作っていただくことになり、またその本を手にしてくださったこと、本当に感謝しています。

最初、著者名は僕、こうだかずひろでということだったのですが、実際に僕が文章を書くわけでもないし、写真を撮るわけでもないし、そんなことで著者と名乗るのは嫌だとわがままを言わせてもらいました。

また、わがままと言えば、写真をたくさん載せたい。ついては、写真は僕が一番大好きなフォトグラファーの sai さんに撮ってもらいたいと、こちらもわがままを言わせてもらいました。

そんなわがままを許していただき、お陰様で本当に素敵な写真と文章が並んだ、何か不思議な音と匂いがするような一冊が出来上がった気がしています。と言っても、初めての本ですので、ただただ僕が嬉しいからそう感じているだけかもしれませんが……。

最後に、本文中にもありましたが、手にしてくださった皆様の「手の復権」の何か小さなヒントにこの本がなってくれたら、本当に嬉しく思っています。

いつも心に smile を！
Ko'da-style　こうだかずひろ

PROFILE

こうだかずひろ
大学で経済学を学んだのち、10 年間のサラリーマンを経て、独学で Ko'da-style をスタート。2003 年、三浦半島の葉山に工房を移転、工房で作品が購入できる「3 days shop」を展開するほか、全国各地で展示会を開催中。

http://koda-style.net

〒 240-0112 神奈川県三浦郡葉山町堀内 383
046-875-7992　090-1110-1945
hello@koda-style.net

KO'DA STYLE のトートバッグ
ハンカチーフ・ブックス編

発行日：2016年9月24日　第1刷
編集：長沼敬憲（リトル・サンクチュアリ）
デザイン：渡部忠（スタジオ・フェロー）
撮影：sai

発行人：長沼恭子
発行元：株式会社サンダーアールラボ
〒240-0112　神奈川県三浦郡葉山町堀内1263-7
Tel&Fax：046-890-4829
info@handkerchief-books.com
handkerchief-books.com

乱丁・落丁本は送料小社負担にてお取り替えいたします。
本書の無断複写・複製・引用及び構成順序を損ねる無断使用を禁じます。

印刷・製本所：シナノ印刷株式会社

Printed in Japan

ISBN978-4-908609-05-3　C0076

©2016 Thunder-r-rabo Inc.